全能客厅设计精粹

《全能客厅设计精粹》编写组 编

U0324766

客厅顶棚设计

– 简约　简欧　现代　混搭 –

机械工业出版社
CHINA MACHINE PRESS

客厅现已成为大多数家庭的综合性、多功能的活动场所，既是用来招待客人的地方，更是一家人待在一起最久的地方。"全能客厅设计精粹"包含大量优秀客厅设计案例，包括《客厅电视墙设计》《紧凑型客厅设计》《舒适型客厅设计》《奢华型客厅设计》《客厅顶棚设计》五个分册。每个分册穿插材料选购、设计技巧、施工注意事项等实用贴士，言简意赅、通俗易懂，让读者对家庭装修中的各环节有一个全面的认识。

图书在版编目（CIP）数据

客厅顶棚设计 / 《全能客厅设计精粹》编写组编. — 北京 ：机械工业出版社，2014.3
（全能客厅设计精粹）
ISBN 978-7-111-45987-3

Ⅰ．①客… Ⅱ．①全… Ⅲ．①客厅－顶棚－室内装饰设计－图集 Ⅳ．①TU241-64

中国版本图书馆CIP数据核字(2014)第034685号

机械工业出版社（北京市百万庄大街22号　邮政编码 100037）
策划编辑：宋晓磊　　　　　　　责任编辑：宋晓磊
责任印制：乔　宇
北京汇林印务有限公司印刷

2014年4月第1版第1次印刷
210mm×285mm · 6印张 · 230千字
标准书号：ISBN 978-7-111-45987-3
定价：29.80元

凡购本书，如有缺页、倒页、脱页，由本社发行部调换
电话服务　　　　　　　　　网络服务
社服务中心：(010) 88361066　　教材网：http://www.cmpedu.com
销售一部：(010) 68326294　　机工官网：http://www.cmpbook.com
销售二部：(010) 88379649　　机工官博：http://weibo.com/cmp1952
读者购书热线：(010) 88379203　　**封面无防伪标均为盗版**

目录 Contents

室内吊顶设计的作用

1.整洁顶部，改善室内亮度，取得艺术上的装饰效果。

2.室内为人工采光时，可以以吊顶的形式，兼作照明的围护结构，能取得功能与装饰上的统一效果。

3.隐蔽屋架、屋梁等结构，美化室内空间，可使如通风、电线和暖气等各种设备管线隐藏在吊顶内，并兼有保温、隔热、吸声和隔声的作用。

4.根据声学原理，可将吊顶设计成各种曲面，不仅可以取得良好的装饰效果，而且也能取得较佳的音响效果。

5.利用吊顶形式的不同，区别室内不同空间的功能，从而减少地面隔断的设置，满足扩大空间感的需求。

客厅顶棚设计

简约

茶色烤漆玻璃

肌理壁纸

布艺软包

白枫木格栅

黑胡桃木饰面板

泰柚木饰面板吊顶

车边黑镜吊顶

车边银镜

印花壁纸

白色玻化砖

压白钢条

米色网纹大理石

木纹玻化砖

手绘墙饰

雕花清玻璃

木纹大理石

白色乳胶漆

米色大理石

木质装饰线

条纹壁纸

黑镜顶角线

大理石踢脚线

直纹斑马木饰面板

白色玻化砖

米黄色大理石

木纹大理石

混纺地毯

直纹斑马木饰面板

木纹大理石

印花壁纸

米黄色大理石

装饰灰镜

车边银镜

石膏板异形吊顶

镜面陶瓷锦砖

Tips

室内吊顶的设计原则

　　1.主要功能为遮挡结构构件及各种设备管道和装置。

　　2.对于有声学要求的房间吊顶,其表面形状和材料应根据音质要求来考虑。

　　3.吊顶是室内装修的重要部位,应结合室内设计进行统筹考虑,装设在吊顶上的各种灯具和空调风口,应结合室内设计进行统筹考虑。

　　4.要便于维修隐藏在吊顶内的各种装置和管线。

　　5.吊顶应便于工业化施工,尽量避免湿作业。

沙比利金刚板

黑色烤漆玻璃

石膏板异形吊顶　　　　　　有色乳胶漆

白色玻化砖　　　　　　　　　　泰柚木饰面板

白枫木饰面板拓缝　　　　　　　米黄色大理石

压白钢条　　　　　　　　石膏板雕花吊顶　　　　　　　　白色玻化砖

米色玻化砖

印花壁纸

车边银镜　　黑胡桃木饰面板

装饰银镜　　白色乳胶漆

印花壁纸

艺术地毯

石膏板吊顶

雕花黑色烤漆玻璃

桦木饰面板

有色乳胶漆

白枫木饰面板

米色洞石

红橡木金刚板

黑色烤漆玻璃

红樱桃木饰面板　　　　　　　米色玻化砖

白桦木饰面板

羊毛地毯

铂金壁纸

水曲柳饰面板

石膏板异形吊顶

银镜顶角线

布艺软包

常见的吊顶误区

　　误区一：装上吊顶才显得够档次。现在的商品房层高，通常只有2.6～2.8m，如果在这样一个相对狭小的空间里安装吊顶，在视觉上会使人感到紧张、压抑，继而引发一些生理上的不适反应，如头晕、恶心等。

　　误区二：凹凸不平的造型会彰显主人个性。有些人在安装吊顶时，会设计凹凸不平的造型，或使用玻璃、镜子等材料，这就给平时的清洁带来了困难，使吊顶成了藏污纳垢之所，从而污染室内空气环境。

　　误区三：彩色光源能营造良好的氛围。很多家庭在安装吊顶时会装上一些五颜六色的灯泡。其实，这并不适合普通家庭，滥用光源还容易使房间显得浮躁，破坏温馨和谐的氛围。

爵士白大理石

胡桃木金刚板

米黄色玻化砖　　　　　　木质装饰线

木纹大理石

茶色磨砂玻璃

车边银镜　　印花壁纸

装饰硬包　　有色乳胶漆

文化石

木纹壁纸

胡桃木饰面板

装饰硬包

印花壁纸

木质装饰线

黑色烤漆玻璃

印花壁纸

白色乳胶漆

桦木饰面板

黑色烤漆玻璃顶角线

黑色烤漆玻璃

中花白大理石

羊毛地毯

木质踢脚线

石膏板异形吊顶

印花壁纸

肌理壁纸

木纹大理石

深咖啡色网纹大理石波打线

热熔玻璃

印花壁纸

印花壁纸

车边银镜

水曲柳饰面板

木质装饰立柱

客厅顶棚设计方案

用石膏在顶棚四周做造型,可做成几何图案或花鸟鱼虫等图案。它具有价格低廉、施工简单的特点,只要和房间的装饰风格相协调,效果也不错。

四周吊顶,中间不吊,这种吊顶可用木材夹板成型,设计成各种形状,再配以射灯和筒灯,在不吊顶的中间部分配上较新颖的吸顶灯,会使人感觉房间空间增高了,尤其是面积较大的客厅,效果会更好。

四周吊顶做厚,中间部分做薄,形成两个层次,这样的吊顶造型较讲究,中间用木龙骨做骨架,而面板采用不透明的磨砂玻璃。可在玻璃上用不同的颜料喷涂中国古画图案或几何图案,这样既有现代气息,又给人以古色古香的感觉。

如果房间层高较高,则吊顶形式的选择余地比较大,如石膏吸声板吊顶、玻璃纤维棉板吊顶、夹板造型吊顶等,这些材质和形式的吊顶既美观,又有减噪等功能。

艺术墙贴

羊毛地毯

水曲柳饰面板

印花壁纸

米白色洞石

米黄色玻化砖

泰柚木饰面板

黑色烤漆玻璃

米色亚光玻化砖

混纺地毯

印花壁纸

米黄色大理石   木质花格

印花壁纸

条纹壁纸

米色大理石

白色乳胶漆

密度板树干造型

车边银镜

装饰灰镜

红樱桃木金刚板

客厅顶棚设计

简欧

吊顶的形式

1.异型吊顶：在楼层比较低的客厅采用异形吊顶。方法是用平板吊顶的形式，把顶部的管线遮挡在吊顶内，顶面可嵌入筒灯或内藏日光灯，使装修后的顶面形成两个层次，这样不会产生压抑感。异型吊顶多采用云形波浪线或不规则弧线，一般不超过整体顶面面积的三分之一，超过或小于这个比例，就难以达到理想的效果。

2.局部吊顶：局部吊顶是为了避免居室的顶部有水、电、气管道的情况下采用的一种吊顶方式。这种方式的最好模式是，将水、电、气管道放置在边墙附近，装修出来的效果与异型吊顶相似。

3.藻井式吊顶：这类吊顶的应用前提是，房间高度不低于2.85米，且房间面积较大。它的式样是在房间的四周进行局部吊顶，可设计成一层或两层，装修后的效果有增加空间高度的感觉，还可以改变室内的灯光照明效果。

4.无吊顶装修：由于城市的住房普遍较低，吊顶后可能会感到压抑和沉闷，所以不加修饰的顶面开始流行起来。顶面只做简单的平面造型处理，采用现代的灯饰灯具，配以精致的角线，也能给人轻松、自然的心情。

印花壁纸

车边黑镜

铂金壁纸

石膏格栅吊顶

车边灰镜

米黄色网纹玻化砖

石膏顶角线

灰白色洞石

黑色烤漆玻璃顶角线

深咖啡色网纹大理石波打线

印花壁纸

米黄色网纹大理石　　车边银镜

印花壁纸

石膏装饰线

石膏顶角线

铂金壁纸

黑色烤漆玻璃顶角线　　　　　　米黄色大理石

车边银镜

印花壁纸

雕花清玻璃

混纺地毯

装饰硬包

石膏板异形吊顶

泰柚木饰面板吊顶

中花白大理石　　　　木质踢脚线

雕花茶镜　　　　木纹大理石

雕花清玻璃　　　　印花壁纸

米黄色大理石

爵士白大理石

木质花格

木质装饰线

艺术地毯

什么是直线吊顶

印花壁纸

直线造型吊顶时尚、简约，适合现代风格的居室装修。大部分直线造型吊顶用于客厅电视墙顶部或者走廊顶棚等处，还有一些直线造型吊顶可用于遮蔽顶棚上的管道。

米黄色大理石

黑色烤漆玻璃

石膏板异形吊顶

印花壁纸

仿古墙砖

水晶装饰珠帘

黑白根大理石波打线

米黄色大理石

木质装饰线

艺术地毯

印花壁纸

深咖啡色网纹大理石波打线

中花白大理石

车边银镜

深咖啡色网纹大理石

木质顶角线

有色乳胶漆　　　　　　　　　水曲柳饰面板

中花白大理石　　　　　　　　布艺软包

中花白大理石　　车边银镜　　　　　　　　石膏顶角线

印花壁纸

红橡木金刚板

深咖啡色网纹大理石　　　艺术地毯

米色大理石　　　艺术地毯

艺术地毯

米黄色洞石

车边银镜

米色网纹大理石

密度板拓缝

布艺软包

什么是弧线吊顶

　　一条简单的曲线在顶棚处画出了美丽的弧形，顿时让原本生硬的顶棚活泼起来。这种弧线造型吊顶适合设计在客厅与餐厅之间，同时也适合于儿童房的顶棚设计，给房间增加更多的童趣和动感。

密度板拓缝

木质搁板

木质花格

印花壁纸

轻钢龙骨装饰横梁

装饰硬包

雕花灰镜

车边银镜

深咖啡色网纹大理石波打线

米黄色大理石

装饰银镜

爵士白大理石

装饰银镜

印花壁纸

深咖啡色网纹大理石

米色大理石

米色亚光玻化砖

木质装饰线

轻钢龙骨装饰横梁

车边银镜

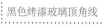

黑色烤漆玻璃顶角线

米色网纹大理石

中花白大理石

木质装饰线

米黄色大理石

木质格栅

车边银镜

石膏板浮雕　　　　　　镜面陶瓷锦砖

艺术地毯　　　　　　印花壁纸

车边银镜　　　　　　　　　　　　　绯红色网纹大理石波打线

石膏板浮雕吊顶

爵士白大理石

镜面陶瓷锦砖

仿古砖拼花

什么是圆形吊顶

　　圆形吊顶首先给人一种天圆地方的自然美感，有一种聚集人气、团圆美满的心理暗示；其次，圆形吊顶华贵大气，更适合豪华型别墅的吊顶设计。

车边银镜

艺术地毯

装饰硬包

装饰硬包

仿古砖

印花壁纸

深咖啡色网纹大理石

车边茶镜

浅咖啡色网纹大理石

黑白根大理石波打线

木纹大理石

印花壁纸　　　　　　有色乳胶漆

木质装饰线　　　　　米色玻化砖

印花壁纸

木纹大理石

铂金壁纸　　　　　　　　　　陶瓷锦砖拼花

米色大理石　　　　　　　　　石膏板异形吊顶

仿古砖

印花壁纸

石膏装饰线

红樱桃木饰面板

罗马柱

木纹大理石

砂岩浮雕

米色大理石

雕花清玻璃

米黄色大理石　　　　　　　　　　罗马柱

爵士白大理石

车边灰镜

印花壁纸

车边银镜

什么是方形吊顶

　　方形吊顶也称回形吊顶，一般都采用木龙骨做骨架，用石膏板或木材做面板，涂料或壁纸做饰面。它能够克服房间低矮和顶部无变化的装修矛盾，还能够提高装修档次，给人一种庄重、典雅、大气的感觉。

客厅顶棚设计

现代

茶色烤漆玻璃

中花白大理石

爵士白大理石

有色乳胶漆

石膏板窗棂造型吊顶

木质花格

木质搁板

米色大理石

鹅卵石

石膏板拓缝

车边黑镜　　　　　　　　　　　　　　白色乳胶漆

有色乳胶漆　　　　　　　　　　　　　茶色烤漆玻璃

白桦木饰面板

米黄色玻化砖

泰柚木金刚板　　　　　　　　　　　　白枫木装饰立柱

车边银镜　　　　　　　　　木纹玻化砖

浅咖啡色网纹大理石　　　　　　　绯红色网纹玻化砖

米色玻化砖

布艺软包

黑白根大理石

装饰灰镜

石膏板浮雕吊顶

车边银镜

木质格栅　　　　　　　　　　　　　　　　　　　黑胡桃木踢脚线

木纹大理石

条纹壁纸

白色玻化砖　　　　　　　　　　　　　　　　　　米白色洞石

什么是格栅吊顶

格栅吊顶是家庭装修客厅、走廊、餐厅及较大顶梁等空间常用的方法。格栅吊顶既能美化顶部，又能调节照明，增强环境整体装饰效果。格栅吊顶要求构造合理，设计大方，美观牢固，表面平整，颜色一致。灯光布置要合理，装饰漆膜要光整、无污染、无划痕。

密度板树干造型

装饰银镜

黑色烤漆玻璃

泰柚木饰面板

有色乳胶漆

文化石

绯红色网纹大理石

木质搁板　　　　黑色烤漆玻璃

陶瓷锦砖　　　　泰柚木饰面板

羊毛地毯

米色大理石

黑色烤漆玻璃

泰柚木饰面板

水曲柳饰面板

木质顶角线

木纹玻化砖

浅咖啡色网纹大理石

羊毛地毯

茶色镜面玻璃

印花壁纸

木质花格

手绘吊顶

黑胡桃木饰面板

条纹壁纸

印花壁纸

米色大理石　　　　　印花壁纸

木质踢脚线　　　　　印花壁纸

混纺地毯

有色乳胶漆

黑色烤漆玻璃吊顶

砂岩浮雕

米黄色大理石

车边银镜

木质顶棚的防火处理

　　木材是顶棚中最常用的材料,具有隔声、保温等优点,但其中的木质吊顶、木龙骨和嵌装灯具等位置必须进行防火处理。这主要是出于安全考虑。万一吊顶内灯具发热、电线老化引起起火,不致于马上引燃吊顶,起到延缓燃烧的作用。由于目前国内装饰建材市场上,除了对饰面材料的防火性稍重视外,对装修材料的防火要求就差一些,所以未经防火处理的木质材料较为普遍。木质顶棚中的装饰木质材料应涂满二度防火涂料,以不露木质为准,如用无色透明防火涂料时,应对木质材料表面刷两遍,不可漏刷,以免因电气管线接触不良或漏电产生的电火花引燃木质材料而引发火灾。

银镜顶角线

石膏板浮雕

爵士白大理石

羊毛地毯

印花壁纸

白色玻化砖

条纹壁纸　　　　　　木纹玻化砖

木纹壁纸　　　　　　米色玻化砖

白色玻化砖

印花壁纸

白枫木饰面板

爵士白大理石

木质花格

水曲柳饰面板

黑色烤漆玻璃

茶色镜面玻璃

红橡木金刚板

印花壁纸

黑色烤漆玻璃

白桦木饰面板

装饰灰镜

白桦木金刚板

雕花银镜

米色玻化砖

茶色镜面玻璃

水曲柳饰面板

中花白大理石

黑色烤漆玻璃　　　　　　　　　　　　　　　白枫木格栅

木纹壁纸

手绘墙饰

米色砂岩

白色玻化砖

客厅顶棚的色彩设计

1.吊顶颜色不能比地板深：顶面色彩一般不超过三种色调，选择吊顶颜色的最基本法则就是色彩最好不要比地板深，否则很容易有头重脚轻的感觉。如果墙面色调为浅色系列，用白色吊顶会比较合适。

2.吊顶选色参考的因素：选择吊顶色彩一般需要考察室内瓷砖的颜色与家具的颜色，以协调、统一为原则。

3.墙面色彩强烈时最适合用白色吊顶：一般而言，使用白色吊顶是最保险的做法，尤其是当墙面已经有强烈色彩的时候，吊顶的颜色选用白色就不会和墙面色彩冲突，避免产生视觉紊乱的感觉。

石膏板吊顶

黑色烤漆玻璃

黑白根大理石波打线　　石膏板肌理造型

胡桃木饰面板

中花白大理石

装饰灰镜

红樱桃木金刚板

印花壁纸

印花壁纸

热熔艺术玻璃

布艺软包

印花壁纸

泰柚木饰面板

石膏板吊顶

黑色烤漆玻璃

密度板肌理造型

木纹大理石

爵士白大理石

装饰银镜 中花白大理石

胡桃木饰面板 肌理壁纸

白枫木装饰立柱　　泰柚木金刚板

红樱桃木饰面板

印花壁纸

茶色镜面玻璃

米色亚光墙砖

泰柚木饰面板吊顶

肌理壁纸

爵士白大理石

黑色烤漆玻璃

灰白色洞石

木质装饰线

白桦木饰面板

中小户型顶棚的设计

　　中小户型顶棚装修应以简洁为好，因为复杂多样的吊顶，一方面会增加楼板的负荷，另外，对其本身的安全性也会有更高的要求。吊钩的承重力十分重要，根据国家标准，吊钩必须能够挂起吊灯4倍的重量才算是安全的。因此，对吊钩的承重能力必须加以检查测试。在施工中，要注意避免在混凝土圆孔板上凿洞、打眼、吊挂顶棚以及安装艺术照明灯具。在卧床、沙发等部位的上方最好不要安装吊灯、吊扇等，如果必须要装，最好选择塑料、纸质等较轻材质灯罩的灯具，不要选择玻璃灯具或水晶灯具。

客厅顶棚设计

混搭

肌理壁纸

米色玻化砖　　　　　　　　　银镜顶角线

木质装饰横梁

车边银镜

木质装饰线

木纹大理石

红樱桃木饰面板

艺术地毯

仿古砖　　　　　　　　　　　　木质装饰横梁

有色乳胶漆　　　　　　　　　　　　仿古砖

文化石

陶瓷锦砖

灰色网纹大理石

木质顶角线

陶瓷锦砖

木质窗棂造型

石膏装饰线

车边银镜

深咖啡色网纹大理石

木质花格

印花壁纸

石膏顶角线

红柚木饰面板吊顶

木质顶角线

有色乳胶漆

陶瓷锦砖波打线

木质窗棂造型吊顶

木质格栅吊顶

深咖啡色网纹大理石

伯爵黑大理石

米色玻化砖

在吊顶上安装各类灯具的方法

1.吊灯：吊灯安装在混凝土顶面上时，可通过预埋件、穿透螺栓及胀管螺栓加以紧固。安装时可视灯具的主体和重量来决定所用胀管螺栓的规格，但不宜小于6mm，多头吊灯不宜小于8mm，螺栓数量至少要有两枚。不能采用轻型自攻胀管螺钉。

2.吸顶灯：吸顶灯有圆形、方形或矩形底座等形状。灯具底座可以用胀管螺栓紧固，也可以用木螺丝在预埋木砖上紧固。如果灯座底座直径超过100mm，必须用两枚或两枚以上螺钉。灯具底座安装如果采用预埋螺栓、穿透螺栓，其螺栓直径不得小于6mm。在底台上固定灯具可采用木螺钉，木螺钉的数量不应少于灯具给定的安装孔数。

3.壁灯：壁灯根据底座的构造可采用底台，也可不用底台。用底台时应先固定底台，然后再将壁灯固定在底台上。底台一般用木板自制，木板厚度应大于15mm，表面涂刷装饰油漆。安装壁灯时，可以用灯位盒的安装螺孔旋入螺钉来固定，也可以在墙面上打孔、预埋木砖或用塑料胀管螺钉来固定。壁灯底座螺钉一般不少于两枚。壁灯的安装高度，一般以灯具中心距地面2~2.2m，床头安装的壁灯以1.2~1.4m为宜。

4.筒灯：筒灯是嵌入式灯具，适用于吊顶上。灯具基本形式为圆筒形，灯口为镀铅、镀钛或镀镍的金属宽边圆环，在安装完毕后，灯具紧贴顶面，有很好的装饰性。灯具筒体对称两侧各有一只卡簧作为固定筒灯的装置。开口处在灯口方向，用蝶形螺帽调整卡簧的间距。筒灯的安装步骤为：根据筒灯尺寸，将安装位置在吊顶上画出并钻孔；将吊顶内预留的电源线与筒灯接通；调整筒灯以固定弹簧片的蝶形螺母，使弹簧片的高度与吊顶厚度相同；把筒灯推入吊顶开孔处，并装上合适的灯泡。

木纹大理石

红砖

羊毛地毯

文化砖

黑色烤漆玻璃

胡桃木饰面板   深咖啡色网纹大理石

红樱桃木饰面板   黑色烤漆玻璃

米色玻化砖　　　　　　　　　　　　布艺软包

木质装饰横梁　　　　　　　　　　　黑白根大理石波打线

布艺软包　　　　皮革软包

木纹大理石

水晶装饰珠帘

木质顶角线

红砖

仿古墙砖

黑色烤漆玻璃　　　混纺地毯

仿古砖　　　木质装饰横梁

爵士白大理石

木质格栅吊顶

木质装饰线

红樱桃木饰面板

米色洞石

车边黑镜吊顶

雕花黑色烤漆玻璃

车边银镜

检验吊顶的平整度

　　装修后,吊顶会出现不同程度的变形,注意观察吊顶的变形程度,较大的波动将很可能导致吊顶四面开裂,甚至局部脱落。检验吊顶表面是否平整,可以参照下面几点依据。

　　1.用一只40瓦的白炽灯泡挂在木棍或长杆上,放到距离顶面5cm处照明,可以观察到顶面是否平整,如果不平整,高强度灯光会在顶面上形成灰白不一的阴影。顶面的乳胶漆是否平整也能够用这种办法来检验。

　　2.观察吊顶与墙体之间的转角,看是否产生了裂缝,有裂缝就说明顶面材料含水率过低,造成紧缩。可以在室内放置一台增湿器,保持室内空气的湿度为50%~70%。

　　3.吊顶上安装的筒灯与顶板之间产生了空隙,也可以认定吊顶不平整,需要重新调整筒灯的位置。

木质装饰横梁

灰镜顶角线

仿古砖　　　　　　　　　　　木质顶角线

中花白大理石

木质装饰横梁

浅咖啡色网纹大理石波打线

车边茶镜

艺术地毯

木质装饰横梁

红樱桃木金刚板　　　　　　　　　木质顶角线

白色乳胶漆　　　　　　　　　　　印花壁纸

条纹壁纸

木质装饰横梁

木质装饰线

米色大理石

车边银镜　　　　　印花壁纸

印花壁纸　　　　　松木饰面板吊顶

仿古砖　　　　　　　　　　　　　　　　　　　　伯爵黑大理石

爵士白大理石

木质装饰线

红樱桃木饰面板

米黄色洞石

车边黑镜

仿古砖　　　　　　　红柚木饰面板吊顶

陶瓷锦砖

中花白大理石

红樱桃木饰面板

木质装饰线

旧房改造中的吊顶设计

旧房吊顶重新设计应以安全为先。二次改造房屋的设计时应优先考虑吊顶的安全性。尤其是一些使用年限已达15年以上的老房，其原建筑结构已经开始老化，尤其是原吊顶施工时由于吊挂结构要求，对顶面打了很多孔，使局部的承载能力下降。

吊顶改造要注意对室内光源的影响。多层次、多功能的照明是丰富吊顶装饰艺术和方便生活的重要内容。吊顶的高度要适中，因其会改变室内的自然采光，对墙面装饰尤其是今后的软装饰也会产生影响。

吊顶和地面的呼应关系也必须重视，一些生活功能的分区是以地面来划分的，地面功能和吊顶不对称时，会影响家具和其他陈设的摆放，严重时会对居室生活造成影响。

绯红色网纹大理石

茶色烤漆玻璃

白松木饰面板吊顶

印花壁纸

木质装饰线

装饰茶镜

印花壁纸

石膏板吊顶

直纹斑马木饰面板

混纺地毯

印花壁纸　　　　　　　　　　　深咖啡色网纹大理石

印花壁纸

直纹斑马木饰面板

白枫木装饰立柱

有色乳胶漆

直纹斑马木饰面板

木质装饰横梁　　　　　　　　文化砖

车边银镜

木质装饰横梁

印花壁纸

石膏板吊顶